T. R. Vijaya Lakshmi

Identificação de objectos-alvo em campo de guerra

T. R. Vijaya Lakshmi

Identificação de objectos-alvo em campo de guerra

ScienciaScripts

Cover image: www.ingimage.com

This book is a translation from the original published under ISBN 978-620-2-07355-4.

Publisher:
Sciencia Scripts
is a trademark of
Dodo Books Indian Ocean Ltd. and OmniScriptum S.R.L publishing group

120 High Road, East Finchley, London, N2 9ED, United Kingdom
Str. Armeneasca 28/1, office 1, Chisinau MD-2012, Republic of Moldova, Europe
Printed at: see last page
ISBN: 978-620-7-84952-9

Conteúdo

Resumo

A visão computacional trata do reconhecimento de objectos, bem como da identificação e localização de ambientes tridimensionais. O trabalho atual é proposto para ajudar um míssil a atingir o alvo num campo de guerra. As imagens serão extraídas do fluxo de vídeo e os objectos de interesse (soldado, árvore e tanque) serão reconhecidos. São extraídas características distintivas dos objectos e estas características são utilizadas para identificar e classificar os objectos. A posição instantânea destes objectos é encontrada para ajudar a trajetória do míssil. A transformada de características invariantes à escala (SIFT) utilizada para extrair características dessas imagens é processada para classificar os objectos como soldado, tanque, árvore, etc.

Capítulo 1

Introdução

A investigação que utiliza técnicas de reconhecimento de padrões é muito importante e amplamente utilizada desde as últimas cinco décadas. Tem atraído o interesse de investigadores em muitos domínios, como a inteligência artificial, a engenharia informática, a biologia nervosa, a análise de imagens médicas, a arqueologia, o reconhecimento geológico, a navegação espacial, a tecnologia de armamento, etc.

A visão computacional trata do reconhecimento de objectos, bem como da identificação e localização de ambientes tridimensionais [1, 2]. O reconhecimento biométrico pode basear-se no rosto, nas impressões digitais, na íris ou na voz e pode ser combinado com a verificação automática de assinaturas e códigos PIN. O reconhecimento de objectos na terra a partir do céu (por satélites) ou do ar (aviões e mísseis de cruzeiro) é designado por deteção remota. É importante para a cartografia, a inspeção agrícola, a deteção de minerais e o reconhecimento de alvos. Muitos testes de diagnóstico médico utilizam sistemas de reconhecimento de padrões para a contagem de células sanguíneas e o reconhecimento de tecidos celulares através de microscópios, para a deteção de tumores em exames de ressonância magnética e para a inspeção de ossos e articulações em imagens de raios X.

No trabalho proposto, as imagens serão extraídas do fluxo de vídeo (sinais LiDAR) e os objectos de interesse, como soldados, árvores, tanques, etc., serão reconhecidos para ajudar o míssil a atingir o alvo. Partindo do princípio de que as imagens são extraídas do fluxo de vídeo, seria gerada uma grande quantidade de imagens no ambiente de laboratório para os conjuntos de bases de dados de treino e de teste. Seriam extraídas características distintivas dos objectos de interesse, como tanques e soldados. Estas características serão utilizadas para identificar e classificar os objectos. A posição instantânea destes objectos também no cenário do campo de guerra será encontrada para ajudar a trajetória do míssil. O processo e o tempo necessários para identificar estes objectos 3D devem ser de uma fração de segundo para esta aplicação específica. Assim, seriam desenvolvidos algoritmos para a aplicação militar acima referida.

Este trabalho é proposto para ajudar um míssil a atingir o alvo num campo de guerra. As imagens serão extraídas do fluxo de vídeo e os objectos de interesse (soldado, árvore e tanque) serão reconhecidos. São extraídas características distintivas dos objectos e estas características são utilizadas para identificar e classificar os objectos. A posição instantânea destes objectos é encontrada para ajudar a trajetória do míssil.

Esta aplicação de reconhecimento de padrões está relacionada com um campo de batalha, como mostra a Fig. 1.1. As características dos diferentes objectos, como um tanque, uma árvore ou um soldado, têm de ser seleccionadas e extraídas para todos estes conjuntos de objectos. Os objectos de interesse são o tanque e o soldado que se encontram num campo de guerra, como se mostra na Fig. 1.1.

Figura 1.1: Objectos de interesse num campo de guerra

Capítulo 2

Objectivos e aplicações do trabalho proposto

OBJECTIVOS DO RECONHECIMENTO DE OBJECTOS:

O tema principal da obra é reconhecer/identificar o tanque militar ou o soldado numa imagem em que são colados uma árvore, um soldado e um tanque militar.

Para atingir este objetivo, devem ser realizadas as seguintes tarefas:

1. São recolhidas imagens de árvores, soldados e tanques militares para reconhecer um soldado ou um tanque militar.

2. Estas imagens são coladas de tal forma que cada imagem colada é composta por uma árvore, um soldado e um tanque militar.

3. Utilizando o algoritmo SIFT, estamos a reconhecer o tanque ou soldado a partir das imagens coladas, extraindo as suas características e fazendo-as corresponder.

4. Algoritmo a ser desenvolvido em MATLAB e resultados de simulação a serem gerados para encontrar o melhor método de reconhecimento de um tanque e de um soldado

APLICAÇÕES DO TRABALHO PROPOSTO:

1. O projeto proposto pode ser utilizado na classificação de alvos para um sistema de vigilância baseado em vídeo e pode ser implementado

em UAV (veículos aéreos não tripulados) e drones.

2. O projeto pode ser implementado em frases visuais 3D para reconhecimento de marcos e identificação de locais.

3. Estes algoritmos são utilizados para detetar alvos que ajudarão a melhorar o desempenho de muitos sistemas de reconhecimento de objectos 3D em cenas desordenadas.

4. A teledeteção, que consiste na aquisição de informações sobre um objeto ou fenómeno sem contacto físico com o mesmo, contrasta com a observação no local. A teledeteção é utilizada em numerosos domínios, incluindo a geografia, a topografia e a maioria das disciplinas das Ciências da Terra (por exemplo, hidrologia, ecologia, oceanografia, glaciologia, geologia).

5. As possibilidades são enormes nos domínios da informação, do comércio, da economia, do planeamento e das aplicações humanitárias.

6. Os sistemas de realidade aumentada podem melhorar a experiência do utilizador através da utilização de técnicas de reconhecimento de objectos e contribuir para uma melhor integração com o utilizador.

Capítulo 3

Motivação e âmbito do trabalho

Com a emergência do século XXI, verifica-se um aumento da utilização de tecnologias digitais centradas na automatização para diminuir a intervenção humana em cenários quotidianos. O processamento de imagens está a ganhar importância nos dias de hoje, ao perceber-se que uma imagem transmite mil palavras, ajuda a comprimir mais facilmente os dados e pode ser implementado de forma ideal utilizando técnicas digitais. Desempenha um papel vital em qualquer sistema autónomo. Assim, o recurso a metodologias de reconhecimento de objectos permite que os sistemas informáticos identifiquem o objeto e tomem as medidas adequadas. As aplicações do reconhecimento de objectos são infinitamente diversas, desde os automóveis autónomos aos drones autónomos, passando pelos sistemas de segurança e pelas tecnologias de imagiologia médica.

O projeto proposto trata da imagiologia do campo de batalha e do reconhecimento dos objectos aí presentes e ajudará a orientar os UAV (veículos aéreos não tripulados) e os mísseis para localizarem o alvo com precisão e o destruírem. O projeto proposto trata da imagiologia do campo de batalha e do reconhecimento dos objectos aí presentes e ajudará a orientar os UAV (veículos aéreos não tripulados) e os mísseis para localizarem o alvo com precisão e o destruírem.

O âmbito do reconhecimento de padrões é imenso e está a ser utilizado em vários domínios, existindo uma vasta gama de tecnologias que o utilizam, desde a leitura de microplacas até à robótica.

Capítulo 4

Revisão da literatura

Para objectos de elevada simetria, foi necessário invocar um processamento adicional, uma vez que, para esses objectos, as considerações relacionais invocadas pelo módulo de poda podem não produzir uma transformada de pose única; este processamento adicional foi simples, uma vez que requer a seleção das etiquetas disponíveis para um pequeno número de superfícies da cena, o cálculo de uma transformada de pose a partir dessas etiquetas e a verificação da transformada utilizando as etiquetas disponíveis para as outras superfícies da cena.

A.D. Reddy et al. [3] utilizaram LiDAR multitemporal para obter elevações antes e depois do incêndio e estimar a perda de carbono no solo causada pelo incêndio de 2011 em Lateral West, no Refúgio Nacional de Vida Selvagem Great Dismal Swamp, VA, EUA. Também determinaram a forma como o erro de elevação LiDAR afecta a incerteza na nossa estimativa de perda de carbono, perturbando aleatoriamente as elevações dos pontos LiDAR e recalculando a alteração da elevação e a perda de carbono, iterando este processo 1000 vezes.

Sergejs Kodors et al. [4] aplicaram a abordagem de minimização da energia para resolver o problema do reconhecimento de objectos utilizando imagens naturais, o que é comprovado pela experiência do método de reconhecimento de edifícios, que se baseia na abordagem de minimização da energia. Este método mostrou a exatidão da classificação, que é igual a 0,76 do Coeficiente Kappa de Cohennan. A área corretamente classificada é igual a 98% e a área corretamente detectada dos edifícios é igual a 83%.

Anandakumar M. Ramiya et al. [5] propuseram a utilização de uma biblioteca de nuvens de pontos de código aberto (PCL) para a segmentação 3D de nuvens de pontos LiDAR e apresentam uma nova metodologia baseada em histogramas para separar os grupos de edifícios dos grupos de não edifícios. A metodologia foi aplicada a dois conjuntos de dados LiDAR aéreos diferentes adquiridos numa parte da região urbana em torno das Cataratas do Niágara, no Canadá, e no sul de Washington, nos EUA. Foi alcançada uma precisão global de deteção de edifícios de 100% e 82%, respetivamente, para os dois conjuntos de dados.

Joseph Lam e Michael Greenspan [6] implementaram um sistema para reconhecimento de objectos e registo de segmentos de interesse repetíveis a partir de superfícies 3D.

De acordo com Patrick .I. Flynn e Anil K. Jain [7], "o sistema de visão por computador tem por objetivo identificar e localizar instâncias de modelos 3D predefinidos em imagens e, deste modo, acrescentar vantagens à indústria e a outros ambientes".

Guillaume Dumont et al. [8] implementaram um sistema que reconhece a biblioteca de monitorização de vídeo na câmara do Sistema de Controlo de Tráfego Aéreo (ATC). O sistema utiliza uma rede de câmaras visíveis ou térmicas para detetar, seguir e posicionar objectos em movimento na pista e nas áreas de estacionamento. Deste modo, é possível detetar aviões e camiões de manutenção na pista utilizando câmaras ou imagens térmicas.

Derek Hoiem et al. [9] trabalharam na área da deteção e segmentação precisas de objectos parcialmente ocultos em várias escalas de pontos de vista.

Fridtj de Stein e Gerard Medioni [10] mostraram a implementação do sistema TOSS que fornece uma indexação estrutural e um mecanismo poderoso para o reconhecimento de objectos 3D gerais. Fizeram muito poucas suposições restritivas sobre a forma dos objectos e são capazes de as adquirir automaticamente. Utilizando dois tipos de primitivos, ultrapassam o problema do reconhecimento nos casos em que os dados de bordo ou de superfície não fornecem informações suficientes para uma classificação correcta. O seu esquema de codificação permite fazer corresponder as primitivas e verificar as hipóteses resultantes numa complexidade de tempo razoável. Conseguiram lidar com grandes bases de dados de objectos. O seu plano é explorar o facto de as características ricas dos segmentos poderem fornecer informações estruturais suficientes para reconhecer objectos de forma eficiente.

C. Koley e B.L.Midya [11] descobriram que, com a ajuda de um único transmissor e recetor ultra-sónicos (em vez de vários sensores), um objeto 3D (com uma forma geométrica específica) pode ser reconhecido com uma precisão razoável, independentemente do material, do tamanho e da distância. A técnica de extração de características baseada em Wavelet e a técnica de classificação de padrões baseada em redes neuronais foram utilizadas e desempenharam um papel crucial na discriminação de padrões complexos inerentes a uma determinada forma de objeto. Verificou-se que as redes neurais apresentam uma melhor precisão na classificação do objeto. Mas o Self Organizing Feature Map (SOFM) ajudou-os a identificar a semelhança topológica entre as classes. O seu método baseia-se no elevado poder de discriminação e na excelente capacidade de generalização da Máquina de Vectores de Suporte (SVM) e do Mapa de Características Auto-Organizáveis (SOFM) em tarefas complexas de reconhecimento e classificação de padrões e é superior aos sistemas convencionais "especializados" ou "baseados no conhecimento", uma vez que não exige um enorme conhecimento especializado para o reconhecimento de um padrão de entrada diferente, nem exige a descrição explícita de qualquer regra para a discriminação de diferentes padrões de objectos. A experiência foi realizada com 20 números de padrões de entrada de 4 formas diferentes de objectos (5 não de cada classe) e obteve uma precisão máxima de 93,33%.

Jin-Yinn Wang e Fernand S. Cohen [12]. Apresentaram um sistema que reconhece e estima a forma de objectos com marcas especiais (texto, símbolos, desenhos, etc.) nas suas superfícies, utilizando um par de imagens binoculares. Para o efeito, foi utilizada uma combinação de modelação de curvas invariantes à transformação e de correspondência invariante. Como consequência direta da modelação da curva invariante, o cálculo das coordenadas 3D dos pontos da curva do objeto a partir de um par de imagens estéreo é uma tarefa simples. Estimaram os parâmetros dos pontos de controlo 3D a partir das curvas correspondentes em cada imagem para o sistema de imagem estéreo.

A curva 3D é facilmente recuperada a partir dos pontos de controlo correspondentes utilizados para a triangulação e a forma do objeto é estimada a partir das curvas 3D recuperadas do objeto. Isto foi complementado por uma rede neural (NN) que reconhece a superfície como um objeto específico (por exemplo, uma lata de Pepsi versus um frasco de manteiga de amendoim), através da leitura do texto/marcações na superfície. Para o processo de correspondência, era necessário utilizar medidas que fossem invariantes a estas transformações. Uma dessas medidas são os descritores de Fourier (FD) derivados dos pontos de controlo associados às curvas-mãe não distorcidas. A sua precisão é muito elevada e apenas obtiveram 1 erro no reconhecimento de letras.

Michael Seibert e Allen M. Waxman [13]. Este trabalho dá dois contributos: um método para gerar uma representação gráfica de objectos 3D a partir de sequências de imagens de vídeo e uma técnica que utiliza as representações construídas automaticamente para o reconhecimento de objectos 3D. O seu trabalho aborda o problema da geração automática de representações de objectos 3D a partir de sequências de visualização exploratória de objectos não incluídos. O reconhecimento surge como a hipótese que acumulou o máximo de provas em cada momento. A sua hipótese era coerente com a visão atual. O objeto "vencedor" continua a aperfeiçoar a sua representação até que a câmara seja redireccionada ou que outra hipótese acumule mais provas. O trabalho concentra-se na modelação da aparência 3D e é bem sucedido em condições de visualização favoráveis, utilizando processos simplificados para segmentar objectos da cena e derivar a disposição espacial das características dos objectos. Os objectos não podem ser ocluídos, mas podem ser não poliédricos e não convexos. Os objectos de teste utilizados foram modelos de aviões em voo. Os cálculos foram formulados como equações diferenciais entre elementos acoplados, em vez de algoritmos computacionais convencionais, para facilitar uma implementação analógica paralela em VLSI.

M. Y. Mashor et al [14] o trabalho por eles concluído descreve um método de reconhecimento e classificação de objectos 3D utilizando momentos 2D e a rede Hybrid Multi-Layered Perception (HMLP). Os momentos 2D são calculados com base em imagens de intensidade 2D obtidas a partir de várias câmaras que foram organizadas utilizando a técnica de vistas múltiplas. Os momentos 2D são normalmente utilizados para o reconhecimento de padrões 2D. A simplicidade do cálculo dos momentos 2D reduz o tempo de processamento para a extração de características, diminuindo assim o tempo de reconhecimento. Os momentos 2D foram depois introduzidos numa rede neural para classificação dos objectos 3D. Foram utilizados dois grupos distintos de objectos, poliédricos e de forma livre, para avaliar o desempenho do método. Foram obtidas taxas de reconhecimento de 100% para os dois tipos de objectos, o que mostra que este método pode ser aplicado com êxito ao reconhecimento de objectos 3D.

Whoi-Yul Kim e Avinash C. Kak [15] mostraram que é possível obter grandes eficiências na visão 3D baseada em modelos combinando as noções de relaxamento discreto e correspondência bipartida.

Utilizaram a correspondência bipartida para a ejeção rápida de modelos não aplicáveis. Também utilizaram a correspondência bipartida para implementar uma das etapas principais da relaxação discreta: a determinação da compatibilidade de uma superfície de cena com uma superfície de modelo potencial, tendo em conta considerações relacionais. A abordagem computacional apresentada no seu artigo é particularmente útil quando o número de objectos na biblioteca de modelos é grande e/ou quando os objectos envolvidos possuem um grande número de superfícies; ambos os factores conduzem a grandes espaços de pesquisa para a identificação de objectos e estimativa de pose. O módulo de poda, que utiliza uma combinação de relaxação discreta e de correspondência bipartida, permite efetuar rapidamente uma redução do espaço de pesquisa com base em considerações relacionais.

Para os objectos de elevada simetria, foi necessário invocar um processamento adicional, uma vez que, para esses objectos, as considerações relacionais invocadas pelo módulo de poda podem não produzir uma transformada de pose única; este processamento adicional era simples, uma vez que exigia a seleção das etiquetas disponíveis para um pequeno número de superfícies da cena, o cálculo de uma transformada de pose a partir dessas etiquetas e a verificação da transformada utilizando as etiquetas disponíveis para as outras superfícies da cena.

Yulan Guo et al [16] Trabalharam na área do reconhecimento de objectos 3D em cenas desordenadas. Os métodos de reconhecimento de objectos 3D podem ser divididos em duas categorias: métodos baseados em características globais ou locais. Os métodos baseados em características locais da superfície são mais resistentes à oclusão e à desordem que estão frequentemente presentes numa cena do mundo real. Este documento apresenta um levantamento exaustivo dos métodos existentes de reconhecimento de objectos 3D baseados nas características locais da superfície. Estes métodos compreendem geralmente três fases: deteção de pontos-chave 3D, descrição de características locais da superfície e correspondência de superfícies. O seu artigo apresenta um levantamento único do estado da arte dos métodos de reconhecimento de objectos 3D baseados em características locais da superfície. Foram também analisados os méritos e deméritos dos vários tipos de características e os seus métodos de extração.

De acordo com David G. Lowe [17], é apresentado um método para combinar várias imagens de um objeto 3D num único modelo de representação. Este método permite o reconhecimento de objectos 3D a partir de qualquer ponto de vista, a generalização de modelos a alterações não rígidas e uma maior robustez através da combinação de características adquiridas numa série de condições de imagem. A decisão de agrupar uma imagem de treino numa representação de vista existente ou de a tratar como uma nova vista baseia-se na precisão geométrica da correspondência com vistas de modelos anteriores. O seu modelo probabilístico foi desenvolvido para reduzir as correspondências falsas positivas que, de outro modo, surgiriam devido a restrições geométricas menos rigorosas na correspondência de modelos 3D e não rígidos. O seu sistema foi desenvolvido com base nestas abordagens que são capazes de reconhecer de forma robusta objectos 3D em imagens naturais desordenadas em tempos inferiores a um segundo.

Mun K. Leung e Thomas S. Huang [18] trabalharam num sistema integrado de estimativa de movimento tridimensional (3D) e reconhecimento de objectos com sequências de imagens estéreo exteriores como entradas. As cenas contêm um fundo estacionário com um veículo em movimento. Obtiveram a descrição do movimento 3D e identificaram o veículo a partir das imagens estéreo de entrada. A deteção continha quatro fases, nomeadamente a estimativa do movimento, a extração de características distintivas, a base de dados de modelos e o reconhecimento de objectos. Os resultados da estimativa de movimento 3D foram utilizados para reduzir consideravelmente o espaço de pesquisa na fase de reconhecimento de objectos.

David J. Kriegman e Jean Ponce [19] trabalharam no sentido de relacionar explicitamente a forma dos contornos das imagens com modelos de objectos tridimensionais curvos. Esta relação foi utilizada para o reconhecimento e posicionamento de objectos. Os modelos de objectos consistiam em colecções de manchas de superfícies paramétricas e respectivas curvas de intersecção. Isto inclui quase todas as representações utilizadas no desenho geométrico assistido por computador e na visão por computador. Os contornos de imagem considerados são as projecções das descontinuidades da superfície e os contornos de oclusão. A teoria da eliminação fornece um método para construir a equação implícita destes contornos para o objeto observado sob projeção ortográfica ou perspetiva. Esta equação é parametrizada pela posição e orientação do objeto em relação ao observador. A determinação destes parâmetros reduziu-se a um problema de ajuste entre o contorno teórico e os pontos de dados observados. O seu trabalho foi implementado para um mundo simples composto por várias superfícies de revolução e testado com sucesso em várias imagens reais.

Yulan Guo et al [20] reconheceram objectos 3D na presença de desordem e oclusão. Trabalharam num sistema de reconhecimento de objectos 3D de forma livre baseado no descritor de características locais da superfície. Para um ponto de caraterística selecionado aleatoriamente, é definido um quadro de referência local (LRF) através do cálculo dos vectores próprios da matriz de covariância de uma superfície local e foi construído um descritor de caraterística denominado estatísticas de projeção rotacional (RoPS) através do cálculo das estatísticas da distribuição de pontos em planos 2D definidos a partir do LRF. Apresentaram um algoritmo de reconhecimento de objectos 3D baseado nas características RoPS. Os modelos candidatos e as hipóteses de transformação são gerados através da correspondência entre as características da cena e as características do modelo na biblioteca; estas hipóteses foram depois testadas e verificadas através do alinhamento do modelo com a cena.

Foram efectuadas experiências comparativas com dois conjuntos de dados disponíveis ao público, tendo sido alcançada uma taxa de reconhecimento global de 98,8%. Os resultados mostraram que o método era resistente ao ruído, às variações de resolução da malha e à oclusão.

Joseph Lam e Michael Greenspan [21] implementaram um sistema para reconhecimento de objectos e registo de segmentos de interesse repetíveis a partir de superfícies 3D. A sua abordagem baseia-se na independência das características locais, que podem ser pouco fiáveis quando corrompidas por ruído e indistintas para determinados objectos e superfícies. O seu trabalho utiliza a segmentação de dados 3D em segmentos de interesse repetíveis, seguida de um registo de superfície eficiente de segmentos de modelos e cenas, em que o agrupamento de poses devolve os melhores candidatos a poses. Uma medida de qualidade baseada na reprojecção dos pontos do modelo e no refinamento da pose é então utilizada para selecionar a melhor pose. O método demonstrou experimentalmente ser preciso e robusto quando testado contra uma variedade de objectos de forma livre parcialmente ocluídos em cenas desordenadas, alcançando uma precisão média de 93% num conjunto de dados LiDAR precisos e de alta resolução e de 81% num conjunto de dados Kinect ruidosos e de baixa resolução.

De acordo com Patrick .I. Flynn e Anil K. Jain [22], "o sistema de visão por computador tem por objetivo identificar e localizar posições de modelos 3D predefinidos em imagens e, deste modo, acrescentar vantagens à indústria e a outros ambientes. Este trabalho baseia-se no BONSAI, que é um sistema de reconhecimento de objectos 3D baseado em modelos, que identifica e localiza objectos 3D em imagens de alcance de uma ou mais peças que foram concebidas num sistema de desenho assistido por computador (CAD). O reconhecimento é efectuado através de uma pesquisa restrita da árvore de interpretação, utilizando restrições unárias e binárias (derivadas automaticamente dos modelos CAD) para podar o espaço de pesquisa. Obtiveram a mesma exatidão que outros modelos existentes".

Guillaume Dumont et al [23] implementaram um sistema que reconhece a biblioteca de monitorização de vídeo na câmara do Sistema de Controlo de Tráfego Aéreo (ATC). O sistema utiliza uma rede de câmaras visíveis ou térmicas para detetar, seguir e posicionar objectos em movimento nas áreas da pista e da placa de estacionamento. Deste modo, é possível detetar aviões e camiões de serviço na pista utilizando câmaras ou imagens térmicas.

Chenyang Zhang et al [24] criaram um descritor caraterístico, ou seja, o Histograma de Facetas 3D (H3DF), para codificar explicitamente a informação sobre a forma 3D a partir de mapas de profundidade. Eles definiram uma faceta 3D como uma superfície de suporte local 3D associada a cada ponto de nuvem 3D. Através da codificação robusta e do agrupamento de facetas 3D de um mapa de profundidade, o descritor H3DF proposto pode representar eficazmente as formas e estruturas 3D de vários gestos da mão. Avaliamos o descritor proposto em dois conjuntos de dados 3D desafiantes de reconhecimento de gestos da mão. Os resultados do reconhecimento no contexto de dígitos decimais e letras em linguagem gestual americana (ASL) demonstraram que o método proposto é muito superior.

Derek Hoiem et al [25] trabalharam na área da deteção e segmentação exactas de objectos parcialmente oclusos em várias escalas de pontos de vista. O seu trabalho principal foi a criação de uma estrutura para combinar descrições ao nível do objeto (como a posição, a forma e a cor) com a aparência ao nível do pixel, limites e raciocínio de oclusão. Na formação, exploraram um modelo de objeto rough3D para aprender as aparências de peças fisicamente localizadas. Para encontrar e segmentar objectos numa imagem, geramos propostas baseadas na aparência e disposição das partes locais. As propostas são então refinadas após a incorporação de informações ao nível do objeto e os objectos sobrepostos competem por pixels para produzir uma descrição final e segmentação de objectos na cena.

Capítulo 5

Metodologia de investigação

O diagrama de fluxo da metodologia proposta é apresentado na Fig. 5.1. Um avião em movimento capta o vídeo de uma cena de um campo de guerra, que é apresentado na Fig. 5.2, e a partir desse vídeo é feita a extração da imagem, controlando a velocidade dos fotogramas. A imagem extraída é aplicada a um sistema de reconhecimento de padrões, que é mostrado na Fig. 2, para encontrar os objectos de interesse necessários, como tanques ou soldados. O tempo necessário para a aquisição de dados, a extração de características e a identificação de objectos deve ser muito reduzido, na ordem dos micro ou mili segundos, para além da elevada precisão do reconhecimento.

Parte-se do princípio de que é possível extrair um fotograma de imagem específico das imagens LiDAR utilizando os métodos existentes e controlando a taxa de fotogramas do vídeo. Após a extração do fotograma de vídeo, os objectos na imagem devem ser identificados e classificados com base na forma, na estrutura e, se necessário, na textura. O quadro extraído é uma imagem normal de tamanho MxN com M linhas e N colunas. Estas imagens são pré-processadas, removendo-lhes o ruído.

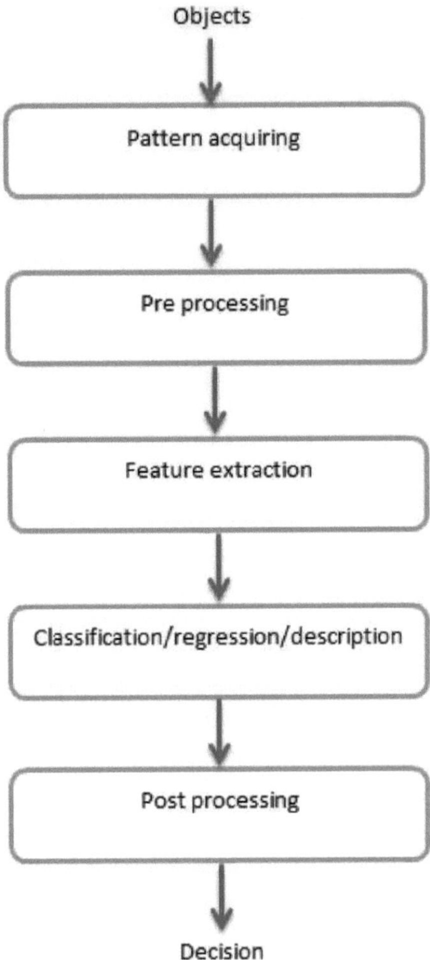

Figura 5.1: Fluxograma da metodologia proposta

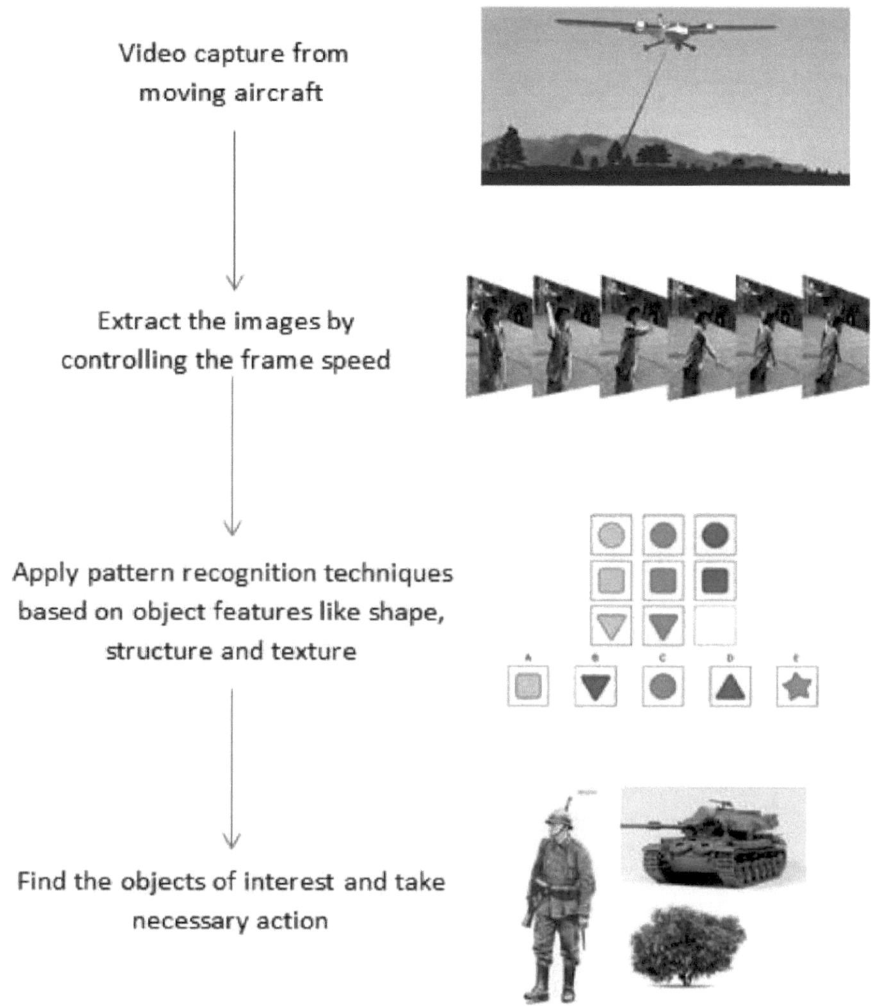

Figura 5.2: Etapas envolvidas na aquisição e localização dos objectos de interesse

As imagens pré-processadas extraídas são posteriormente utilizadas na etapa de extração de características. As características SIFT (Scale-Invariant Feature Transform) são extraídas destas imagens para detetar o objeto de interesse. As etapas envolvidas no descritor de características SIFT estão representadas na Fig. 5.3.

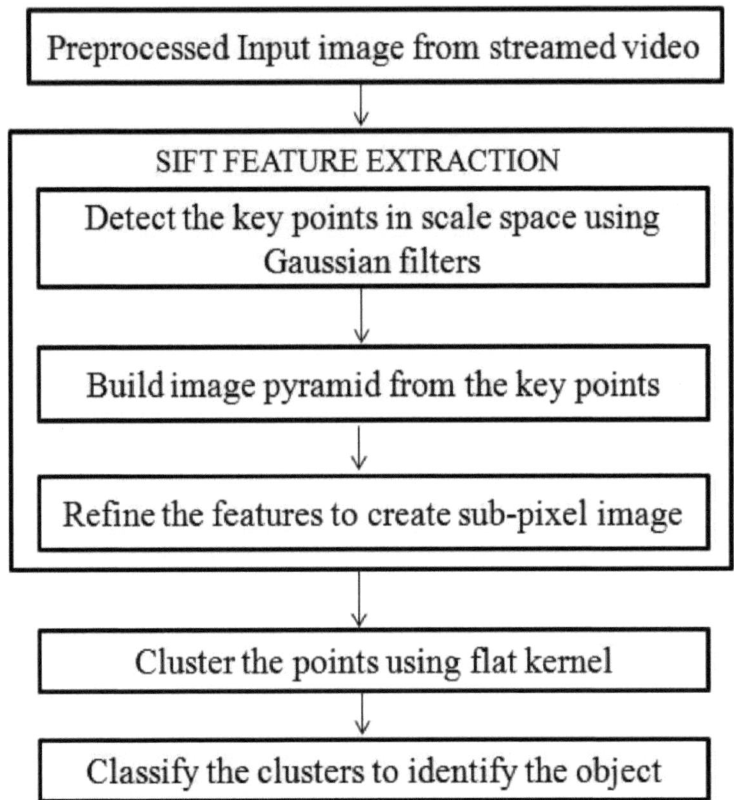

Figura 5.3: Etapas envolvidas no descritor de características SIFT

Os pontos-chave nas imagens são identificados primeiro utilizando filtros Gaussianos. As pirâmides de imagem são construídas utilizando os pontos-chave. Em seguida, as características das imagens da pirâmide são refinadas para criar uma sub-imagem.

Estes são posteriormente utilizados no processo de classificação. Nesta etapa, os pontos são agrupados com base na medida de distância. Os pontos agrupados são depois utilizados para classificar os objectos de interesse, como tanques, soldados, etc., utilizando várias técnicas de transformação. Os resultados obtidos com as técnicas de transformação são apresentados no capítulo seguinte.

Capítulo 6

Resultados experimentais e discussões

A aprendizagem automática consiste em aprender algumas propriedades de um conjunto de dados e aplicá-las a novos dados. É por isso que uma prática comum na aprendizagem automática consiste em avaliar um algoritmo dividindo os dados em dois conjuntos, um a que chamamos conjunto de treino, no qual o computador aprende as propriedades dos dados, e o outro a que chamamos conjunto de teste, no qual testamos essas propriedades.

O número de imagens consideradas no presente trabalho, tanto para treino como para teste, é de 10 672. Estas estão divididas em dois conjuntos. Para testar 1/8 delas são utilizadas e as restantes são utilizadas para treino. O número de amostras de treino utilizadas é 9338 e o número de amostras testadas no trabalho atual é 1334. Os resultados de classificação obtidos com várias transformações estão tabelados na Tabela 6.1.

a. Transformada rápida de Fourier (FFT): A imagem no domínio de Fourier é decomposta nas suas componentes sinusoidais, sendo fácil examinar ou processar determinadas frequências da imagem, influenciando assim a estrutura geométrica no domínio espacial. Na maioria das aplicações, a imagem de Fourier é deslocada de forma a que o valor DC (ou seja, a média da imagem) F(0,0) seja apresentado no centro da imagem. Quanto mais afastado do centro estiver um ponto da imagem, maior é a sua frequência correspondente.

Tabela 6.1: Taxas de classificação obtidas utilizando várias técnicas de transformação

Técnica de transformação	N.º de amostras corretamente reconhecidas	% de exatidão da classificação
Transformada rápida de Fourier	861	64.5
Transformada discreta do cosseno	947	70.9
Transformada Wavelet Discreta	1153	86.4

b. Transformada discreta do cosseno (DCT): A DCT apresenta uma excelente compactação de energia para imagens altamente correlacionadas. Se a imagem contiver um certo número de arestas (ou seja, variações de intensidade acentuadas), é classificada como uma imagem de alta frequência com baixo conteúdo espacial. Os coeficientes de transformação são espalhados por baixas frequências. Se a imagem contiver grandes áreas de intensidades que variam lentamente, é classificada como uma imagem de baixa frequência com poucos detalhes espaciais. Uma operação DCT nestas imagens proporciona uma compactação de energia muito boa na região de baixa frequência da imagem transformada. Se a imagem contiver uma frequência e um conteúdo espacial progressivamente elevados, os coeficientes de transformação são distribuídos por frequências baixas e altas.

c. Transformada de Wavelet Discreta (DWT): Ao contrário da transformada de Fourier, cuja função de base é uma sinusoide, a transformada de Wavelet baseia-se em wavelets. As onduladas são funções matemáticas que representam cópias em escala e traduzidas da forma de onda de comprimento finito. A Transformada de Wavelets Discreta tem a sua própria propriedade excelente de localização de frequências espaciais. Tal como acontece com outras transformadas de wavelets, uma vantagem fundamental que tem sobre as transformadas de Fourier é a resolução temporal: capta tanto a informação de frequência como de localização. É utilizada para analisar uma imagem em diferentes componentes de frequência em diferentes escalas de resolução. Capta não só uma noção do conteúdo de frequência da entrada, examinando-a em diferentes escalas, mas também o conteúdo temporal, ou seja, os momentos em que essas frequências ocorrem. Isto permite atributos espaciais e de frequência em simultâneo.

As propriedades das transformações utilizadas indicam claramente que o desempenho da DWT é melhor do que o das outras transformações utilizadas.

Na Fig. 6.1 e na Fig. 6.2 são apresentadas algumas imagens correspondentes e não correspondentes, respetivamente. Nestas figuras, as imagens do lado esquerdo são imagens em teste e as do lado direito são objectos identificados do conjunto de treino.

Como a textura das imagens e o fundo das imagens são semelhantes, algumas delas não puderam ser identificadas corretamente. Com base na forma do objeto em teste, alguns deles são corretamente identificados utilizando a metodologia proposta. No futuro, com técnicas mais avançadas, será possível detetar os objectos de interesse.

Images under test	Images from database

Figura 6.1: Resultados de alguns objectos corretamente identificados

Figura 6.2: Resultados de alguns objectos identificados erradamente

Capítulo 7

Conclusão e âmbito futuro

Este artigo trata da deteção de objectos de interesse no domínio da guerra. O vídeo capturado com mísseis é processado no trabalho para extrair as imagens no campo da defesa. Realizando várias operações de pré-processamento, as imagens são normalizadas para extrair as características SIFT das mesmas. A informação sobre a forma e a textura extraída destas características é utilizada para detetar os objectos de interesse, como tanques, soldados, árvores, etc. A melhor taxa de reconhecimento obtida com o modelo proposto é de 86,4%.

Com base na forma do objeto em teste, alguns deles são corretamente identificados utilizando a metodologia proposta. No futuro, poderão ser detectados os objectos de interesse utilizando técnicas mais avançadas.

Referências

[1] T.R. Vijaya Lakshmi, P.N. Sastry, e T.V. Rajinikanth, "Feature optimization to recognize Telugu handwritten characters by implementing DE and PSO techniques," *in International conference on Frontiers in Intelligent Computing Theory and Applications,* Lecture notes in springer AISC series, Odisha, India, September 2016, pp. 397-405.

[2] T.R. Vijaya Lakshmi, P.N. Sastry, e T.V. Rajinikanth, "Seleção de características para reconhecer texto de manuscritos de folhas de palmeira," *Signal, Image and Video Processing,* Springer, julho de 2017, Artigo no prelo, doi:10.1007/s11760-017-1149-9.

[3] A.D.Reddy et al, "Quantifying soil carbon loss and uncertainty from a peatland wildfire using multi-temporal LiDAR," Remote Sensing of Environment, vol. 170, pp.306aC "316, 2015.

[4] Sergejs Kodors et al, "Building Recognition Using LiDAR and Energy Minimization Approach," Procedia Computer Science, vol. 43, pp.109aC "117, 2015.

[5] Anandakumar M. Ramiya et al, "Segmentation based building detection approach from LiDAR point cloud," The Egyptian Journal of Remote Sensing and Space Sciences vol.20, no.1, pp.71-77, 2017.

[6] Joseph Lam e Michael Greenspan, "3D Object Recognition by

Surface Registration of Interest Segments", Conferência Internacional sobre Visão 3D, junho de 2013, pp.199-206.

[7] Patrick .I. Flynn e Anil K. Jain, "BONSAI: 3-D Object Recognition Using Constrained Search," IEEE Transactions On Pattern Analysis And Machine Intelligence, vol. 13, no. 10, outubro de 1991.

[8] Guillaume Dumont, Franasois Berthiaume, Louis St-Laurent, Benoit Debaque e Donald Prevost, "AWARE: A Video Monitoring Library Applied to the Air Traffic Control Context", Conferência internacional sobre vigilância avançada baseada em vídeo e sinais, 27-30 de agosto de 2013, pp.153-158.

[9] Derek Hoiem, Carsten Rother e John Winn, "3D Layout CRF for Multi-View Object Class Recognition and Segmentation", Conferência Internacional sobre Visão por Computador e Reconhecimento de Padrões, 17-22 de junho de 2007, pp.1-8.

[10] Fridtjof Stein e Gerard Medioni, "Structural Indexing: Efficient 3-D Object Recognition," IEEE Transactions on Pattern Analysis and Machine Intelligence, vol. 14, no. 2, fevereiro de 1992 pp.125-145.

[11] C. Koley e B.L.Midya, "3-D Object Recognition System using Ultrasound," 3rd International Conference on Intelligent Sensing and Information Processing, Bangalore, 2005, pp. 99-104.

[12] Jin-Yinn Wang e Fernand S. Cohen, "Part II: 3-D Object

Recognition and Shape Estimation from Image Contours Using B-Splines, Shape Invariant Matching and Neural Network," IEEE Transactions On Pattern Analysis And Machine Intelligence, Vol. 16. NO. 1, pp.13-23, janeiro de 1994.

[13] Michael Seibert e Allen M. Waxman, "Adaptive 3-D Object Recognition from Multiple Views," IEEE Transactions on Pattern Analysis and Machine Intelligence, Vol. 14, NO, 2, pp.107-124, FEBRUARY 1992.

[14] M. Y. Mashor, M. K. Osman e M. R. Arshad, "3D Object Recognition Using 2D Moments and HMLP Network," Proceedings in International Conference on Computer Graphics, Imaging and Visualization, pp. 126-130, 2004.

[15] Whoi-Yul Kim e Avinash C. Kak, "3-D Object Recognition Using Bipartite Matching Embedded in Discrete Relaxation," IEEE Transactions On Pattern Analysis And Machine Intelligence, Vol. 13, NO. 3, pp. 224-251, MARÇO de 1991.

[16] Yulan Guo, Mohammed Bennamoun, Ferdous Sohel, Min Luand Jianwei Wan, "3D Object Recognition in Cluttered Scenes with Local Surface Features: A Survey", IEEE Transactions on Pattern Analysis and Machine Intelligence, Vol. 36, NO. 11, pp.2270-2287, 2014.

[17] David G. Lowe, "Local Feature View Clustering for 3D Object

Recognition," Proceedings of the 2001 IEEE Computer Society Conference on Computer Vision and Pattern Recognition, pp. I-682-I-688, 2001.

[18] Mun K. Leung e Thomas S. Huang, "An Integrated Approach to 3-D Motion Analysis and Object Recognition," IEEE Transactions on Pattern Analysis and Machine Intelligence, Vol. 13, NO. 10, pp. 1075-1084, OUTUBRO 1991.

[19] David J. Kriegman e Jean Ponce, "On Recognizing and Positioning Curved 3-D Objects from Image Contours", IEEE Transactions on Pattern Analysis and Machine Intelligence, Vol. 12, NO. 12, pp.1127-1137, DEZEMBRO 1990.

[20] YulanGuo, Mohammed Bennamoun, Ferdous A. Sohel, Jianwei Wan e Min Lu, "3D Free Form Object Recognition using Rotational Projection Statistics," IEEE Workshop on Applications of Computer Vision (WACV), Tampa, FL, 2013, pp. 1-8.

[21] Joseph Lam e Michael Greenspan, "3D Object Recognition by Surface Registration of Interest Segments", ON 2013 International Conference On 3d Vision.

[22] Patrick .I. Flynn e Anil K. Jain, "BONSAI: 3-D Object Recognition Using Constrained Search," IEEE Transactions On Pattern Analysis And Machine Intelligence, Vol. 13, NO. 10, OUTUBRO DE 1991.

[23] Guillaume Dumont, François Berthiaume, Louis St-Laurent, Benoit Debaque e Donald Prevost, "AWARE: A Video Monitoring Library Applied to the Air Traffic Control Context," 10th IEEE International Conference on Advanced Video and Signal Based Surveillance, Krakow, 2013, pp. 153-158.

[24] Chenyang Zhang, Xiaodong Yange Ying Li Tian, "Histograma de Facetas 3D: A Characteristic Descriptor for Hand Gesture Recognition", 10.ª conferência e workshops internacionais do IEEE sobre reconhecimento automático de rostos e gestos, pp.1-8, 2013.

[25] Derek Hoiem, Carsten Rother e John Winn, "3D Layout CRF for Multi-View Object Class Recognition and Segmentation", Conferência do IEEE sobre Visão por Computador e Reconhecimento de Padrões, 1-8, 2007.

Printed by Books on Demand GmbH, Norderstedt / Germany